# BEI GRIN MACHT SICH IHR WISSEN BEZAHLT

- Wir veröffentlichen Ihre Hausarbeit, Bachelor- und Masterarbeit

- Ihr eigenes eBook und Buch - weltweit in allen wichtigen Shops

- Verdienen Sie an jedem Verkauf

Jetzt bei www.GRIN.com hochladen und kostenlos publizieren

Christoph Scabell

# Private Agricultural Governance im Rahmen des Global-GAP

## Restrukturierung von globalen Warenketten im Agrarhandel

GRIN Verlag

**Bibliografische Information der Deutschen Nationalbibliothek:**

Die Deutsche Bibliothek verzeichnet diese Publikation in der Deutschen National-
bibliografie; detaillierte bibliografische Daten sind im Internet über http://dnb.d-
nb.de/ abrufbar.



**Impressum:**

Copyright © 2012 GRIN Verlag GmbH
Druck und Bindung: Books on Demand GmbH, Norderstedt Germany
ISBN: 978-3-656-14318-5

**Dieses Buch bei GRIN:**

http://www.grin.com/de/e-book/189945/private-agricultural-governance-im-rahmen-
des-globalgap

Universität zu Köln

Wintersemester 2011/2012

Oberseminar: Globalisierung und Entwicklungsländer

# Private Agricultural Governance im Rahmen des GlobalGAP

Restrukturierung von globalen Warenketten im Agrarhandel

**Autor:**

Christoph Scabell
Studiengang: Geographie M.SC

# Inhaltsverzeichnis:



# Abbildungsverzeichnis:



# Tabellenverzeichnis:

# 1 Einleitung

Internationale Standards als regulative Maßnahme zur Steuerung globaler Wertschöpfungsprozesse sind von zentraler Bedeutung für die heutige Weltwirtschaft. Warenketten durchlaufen eine Vielzahl an Nationalstaaten und vernetzen so eine große Anzahl an Akteuren. Standards kodifizieren dabei relevante Informationen für den Wertschöpfungsprozess und unterstützen die Koordination der einzelnen Akteure an den jeweiligen Stufen der Produktion. Durch die Implementierung eines Standards in einer Warenkette können so zum Beispiel produktspezifische Kriterien wie Qualität, Aussehen, Verbrauchersicherheit etc. einheitlich vorgeschrieben werden. Beispiele für solche Standards sind die weltweit verwendeten ISO-Normen [Nadvi 2008].

Durch veränderte Konsumpräferenzen in den westlichen Absatzmärkten entstanden gerade im Bereich des Agrarsektors neue Formen einer standardisierten Produktion [Braun 2010, Dietsche 2011, Ouma 2009, Dannenberg 2011]. Neben den klassischen „business to business" Labeln (B2B) wie dem IFS (International Food Standard) oder dem BRC (British Retail Consortium) hat sich das GlobalGAP (Good Agriculture Practice) System in den letzten 10 Jahren für europäische Einzelhandelsunternehmen zu einem führenden Standard entwickelt, das neben Qualitätskriterien auch ökologische und soziale Umstände im Produktionsverlauf berücksichtigt [Ouma 2009]. Diese Entwicklung klassifiziert einen grundlegenden Wandel in den organisatorischen Strukturen des Agrarhandels. Zum einen rücken mit dem GlobalGAP prozessbezogene Kriterien für die Produktion in den Mittelpunkt. Zum anderen wird die Koordination und Organisation dieser Regularien von privater Hand aus initialisiert und gesteuert [Dannenberg 2011, Ouma 2009]. Während früher Nationalstaaten und internationale Institutionen die Rahmenbedingungen beim Handel von Lebensmitteln gestalteten, übernehmen mehr und mehr große Einzelhandelsketten diese Aufgabe. Sie werden dabei von verschiedenen Stakeholdern (Zulieferer, Wissenschaftler, Nichtregierungsorganisationen, Verbraucherschützer etc.) innerhalb von Gremien unterstützt. Dieser Prozess wird heutzutage als „private agriculture governance" [Ouma 2009: 2] bezeichnet und findet in der Fachliteratur erstmals 1993 Erwähnung unter der allgemeinen Fassung der „global private regulation" [Friedmann 1993: 52].

Durch die veränderten Rahmenbedingungen und den neuen Anforderungen in den Absatzmärkten sehen sich auch die Zuliefernetzwerke neuen Herausforderungen gegenüber. Gerade in Bezug auf die „Länder des Südens" wird die Implikation neuer Standards und die Transformation von Zulieferketten im Zuge der „private agriculture governance" kontrovers diskutiert [Ouma 2009]. Auf der einen Seite gibt die es Vertreter einer ökologischen Modernisierung. Sie sehen vor allem

Potentiale in der Neustrukturierung von Wertschöpfungsketten durch „Upgradingprozesse" [vgl. Braun 2010, Dietsche 2011, Ouma 2009]. Demnach führen technologische „Spillover-Effekte" und die veränderten Rahmenbedingungen zu Aufwertungsprozessen mit umweltfreundlicheren, effizienteren und sozial gerechteren Strukturen entlang von Wertschöpfungsketten. Dem gegenüber betonen negative Stimmen vor allem Hemmnisse bei der Einführung privater Standards. Die technische Umsetzung, Kosten und die organisatorischen Anforderungen für die Implementierung stellen gerade kleine Produzenten in Entwicklungs- und Schwellenländern vor Schwierigkeiten [Braun 2010, Dietsche 2011, Ouma 2009, Dannenberg 2011]. Diese Rahmenbedingungen bilden somit Eintrittsbarrieren für den Handel und können so zu einer Exklusion vom Export führen.

Diese Arbeit hat die Zielsetzung den GlobalGAP und das Spannungsfeld zwischen Befürwortern und Kritikern im Rahmen der „private agriculture governance" herauszuarbeiten. In einem ersten Schritt wird der GlobalGAP vorgestellt unter besonderer Berücksichtigung seiner Ziele, der Gründe für die Einführung und der organisatorischen Zusammensetzung die ihm zugrunde liegt. Nach einer konzeptionellen Einordnung im Rahmen des Global-Value-Chain Ansatzes (GVC) und der Global-Production-Networks (GPN) können im weiteren Verlauf die internen und externen Treiber für den GlobalGAP identifiziert werden. Dies erlaubt Rückschlüsse auf die Effekte und Auswirkungen für die Zuliefernetzwerke die anschließend am Beispiel des kenianischen Gartenbaus betrachtet werden. Die zentrale Fragestellung dieser Arbeit lautet: *Wie wirkt sich der private Umweltstandard GlobalGAP auf die strukturelle Koordination und Konfiguration von Wertschöpfungsketten im Agrarsektor aus?*

# 2 GlobalGAP

Das GlobalGAP System wurde 1997 von englischen und niederländischen Einzelhandels-nehmen unter dem Namen EurepGAP (Euro Retailer Produce Working Group Good Agricultural Practice) gegründet. Ziel war es bestehende Unterschiede in den Qualitätsprotokollen der einzelnen Retailer zu vereinen [Ouma 2009]. Im weiteren Verlauf gewann der Standard weltweit an Bedeutung, was sich in 18.000 Zertifizierungen im Jahr 2004 mit einem Anstieg auf über 100.000 im Jahr 2010 widerspiegelt [GlobalGAP 2012]. Diese Expansion führte im Jahr 2007 zu der Namensgebung GlobalGAP. Parallel änderten sich auch die internen organisatorischen Strukturen von einem rein vom Einzelhandel aus koordinierten Standard zu einem Multistakeholderstandard mit einem weitläufigen Akteursnetzwerk [Dannenberg 2011: 19, Ouma 2009: 4]. Neben dem Einzelhandel zählen Produzenten, Zertifizierungsbehörden und Zulieferer zu den Beteiligten. Im Jahr 2010 erreichten die weltweiten Zertifizierungen eine geographische Ausbreitung in mehr als 80 Ländern. Der GlobalGAP ist ein „business to business" Standard (B2B) mit der Aufgabe einheitliche Richtlinien entlang des Produktionsprozesses festzulegen [GlobalGAP 2012]. Dabei umfasst GlobalGAP folgende Produktgruppen: Kulturpflanzen, landwirtschaftliche Nutztiere und Aquakulturen [GlobalGAP 2012]. Zu den Leitlinien zählen u.a. Rückverfolgbarkeit, Lebensmittelsicherheit, Umweltmanagement und soziale Aspekte. Die einzelnen Bereiche werden über Module koordiniert, die sich ausgehend von einem Basismodul an den einzelnen Produktgruppen ausrichten [GlobalGAP 2012]. In Abbildung 1 wird dies graphisch veranschaulicht.

**Abbildung 1 Aufbau des GlobalGAP nach Modulen**

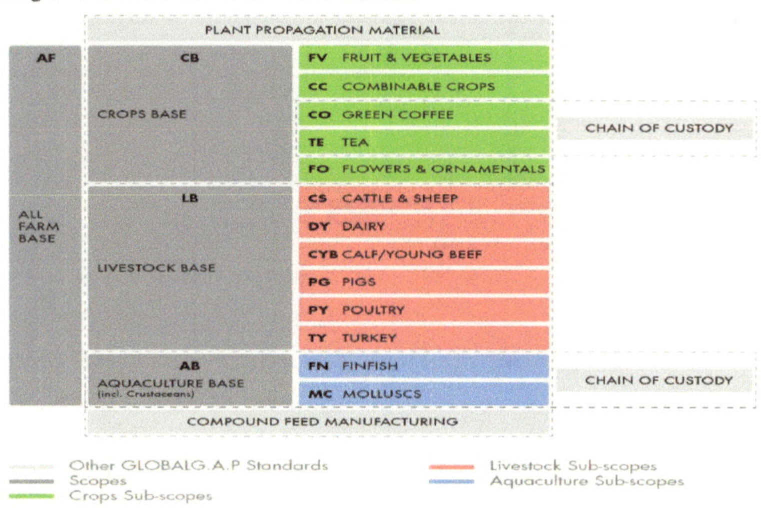


**Quelle**: GlobalGAP 2012

Die Überprüfung der standardisierten Kriterien werden über akkreditierte Dritte vorgenommen. Dieses Vorgehen ist ein zentrales Merkmal beim GlobalGAP und wird als „third party certification" bezeichnet. Sogenannte unangemeldete Audits (Betriebsprüfungen und Kontrollen von unabhängigen Zertifizierern) sollen so eine Sicherstellung der festgelegten Standards garantieren [GlobalGAP 2012, Dannenberg 2011, Ouma 2009]. Damit das Zertifzierungssystem dynamisch und anpassungsfähig bleibt, wird alle vier Jahre über die Vorgaben neu verhandelt. GlobalGAP gilt als ein „pre farmgate" Standard. Die Zertifizierung umfasst den Produktionsprozess von der Aussaat bis zur Ernte. Nachgelagerte Schritte zum Beispiel Zwischenhändler werden nicht erfasst. [GlobalGAP 2012, Fuchs & Kalfagianni 2010, Ouma 2009].

**Tabelle 1 Die wichtigsten Kontrollpunkte im Rahmen des GlobalGAP**

| Ziele | Durchführung |
|---|---|
| **Rückverfolgbarkeit** | Landwirte müssen garantieren, dass die Produkte bis zum Betrieb zurückverfolgt werden können. Wichtige Instrumente: Registrierung der Pflanzensorte, Ernte, Datum und Felderkennzeichnung. |
| **Aufzeichnung und Selbstüberwachung** | Die Hersteller sind verpflichtet alle verwendeten Substanzen bei der Pflanzenzucht zu kennzeichnen. Dazu zählen die Eintragshöhe der Substanz und das Datum des jeweiligen Eintrags. Zusätzlich muss mindestens einmal im Jahr eine Eigenüberwachung stattfinden. |
| **Sorten und Samen** | Es dürfen nur zertifizierte und zugelassene Sorten verwendet werden. |
| **Farm-Historie und Farm-Management** | Der Hersteller muss im Rahmen der Farm-Historie Umweltaspekte überprüfen.Wurden zum Beispiel Bäume für Ackerland gefällt oder wurde das Land durch den Eintrag von Schwermetallen belastet etc.? |
| **Risikobewertung** | Mögliche Risiken müssen während des Produktionsprozesses systematisch identifiziert und bewertet werden. Dazu zählen jährliche Boden- und Wasseranalysen für jede bewirtschaftete Parzelle im Bezug auf Rückstände (Schwermetalle und Dünger). Zusätzlich sind die Risiken für die Arbeitnehmer zu beurteilen. |
| **Düngung** | Es dürfen nur zugelassene Düngemittel verwendet werden. Anorganische und organische Düngemittel müssen dokumentiert und getrennt nach der Verwendung (für Pflanzen oder Samen) gespeichert sein. |
| **Bewässerung** | Verschmutztes Wasser darf nicht verwendet werden. |
| **Integriertes Pflanzenschutzmanagement** | Schädlingsbekämpfung sollte präventiv mit ökologischen Mitteln erfolgen. Bei einem Befall dürfen Pestizide nur gezielt eingesetzt werden. Nach einer Verwendung von Pestiziden ist eine Mindestzeitspanne zwischen dem Auftragen und der Ernte zu beachten. |
| **Ernte und Produktbehandlung** | Eine hygienische Handhabung von geernteten Produkten muss gewährleistet sein. |

**Quelle:** Eigene Übersetzung nach GlobalGAP 2012

GlobalGAP ordnet sich mit seinen wesentlichen Kernbereichen an einer nachhaltigen Wertschöpfung aus. Zentrale Merkmale sind dabei die ökologischen und sozial orientierten Kontrollmechanismen. Hierbei stehen neben der Produktqualität auch die Prozesse während der Produktion im Fokus. Durch den „pre farmagte"-Mechanismus soll eine tatsächliche Rückverfolgbarkeit zum Produzenten gewährleistet sein (from field to work) [Ouma 2010].

## 2.1 Gründe für den GlobalGAP

*Zertifizierungen und Standards waren zu dem Zeitpunkt keine Weltneuheit. Die Frage ist; welches sind die treibenden Kräfte und was macht den GlobalGAP für die Akteure so attraktiv?*

Ausgangspunkt sind die veränderten Konsumpräferenzen in den westlichen Absatzmärkten. Vermehrte Lebensmittelskandale in der Vergangenheit (1990er Jahre) führten zu Verunsicherungen der Verbraucher. Die Folgen waren Imageverluste für Einzelhandelsketten und Boykotte auf Seiten der Konsumenten [Dannenberg 2011]. Im Zusammenhang mit den Skandalen verordnete die EU striktere Rahmenbedingungen für die Produktion und die Einfuhr von Lebensmitteln, um das Vertrauen in Politik und Wirtschaft wiederherzustellen. Diesen Prozess bezeichnet Mettke [2005: 1] als einen „Paradigmenwechsel" in dem die Prävention den gleichen Stellenwert einnimmt wie die Abwehr von Gesundheitsgefahren. Auf der anderen Seite kam es gesellschaftlich zu einem bewussteren Produktkonsum im Hinblick auf soziale und ökologische Umstände bei der Herstellung. Im Rahmen eines nachhaltigen Konsums und Wirtschaftens wurden diese Leitbilder von der Politik, den Medien und von NGOs zuerst an die Unternehmen herangetragen. Beim Verbraucher spricht Dicken von „changing patterns", die den Fokus auf die Sicherheit, die Qualität und die Umstände bei der Produktion legen [Dicken 2011]. Reardon et al. [2001: 424] verweist in diesem Zusammenhang auf die nicht sichtbaren Kriterien bei vielen agrarischen Gütern und bezeichnet sie aus diesem Grunde als „credence goods" (vertrauensbasierte Güter, die nur über Zertifizierungen glaubwürdig erscheinen). Die Sensibilisierung der Verbraucher und die verschärfte Gesetzesgebung setzt die Einzelhandelsunternehmen unter Druck und birgt Risiken.

Parallel zu diesen Entwicklungen kam es im Zuge der Globalisierung zu immer weitläufigeren Produktionsstrukturen, die eine einheitliche Koordinierung für die Einzelhandelsunternehmen erschwerten. Zum einen wurden die Produktionsnetzwerke durch eine zunehmende Internationalisierung immer komplexer und weitläufiger. Zum anderen erschwerten die Unterschiede und Abweichungen in den nationalen Gesetzesgebungen (vor allem im Nord–Süd Gefälle) die Kontrollen bei der Produktion von Lebensmitteln und verlangten nach einer übergreifenden Lösung [Braun 2004, Nadvi 2008].


Die Antwort der Einzelhandelsunternehmen auf diese Entwicklungen ist GlobalGAP als ein Instrument privatwirtschaftlicher Regulierung. Es vereinigt gesetzliche Vorschriften mit nachhaltigen Aspekten und präventiven Maßnahmen im Rahmen einer unabhängig kontrollierten Produktion. Im Kontext der weltweit organisierten Warenketten bietet sich mit dem GlobalGAP ein länderübergreifende Medium, welches zu einer Harmonisierung der Wertschöpfungsprozesse unter den weitverzweigten Akteuren im Einzelhandel beiträgt [GlobalGap 2012, Ouma 2009, Dannenberg

2011]. Für die leitenden Unternehmen als treibende Kräfte dieser Entwicklung ergeben sich damit drei wesentliche Vorteile.

1) Mit der Implementierung des GlobalGAP bietet sich ihnen ein Instrument, das die Koordinierung entlang von globalen Warenketten erleichtert und vereinheitlicht sowie zu einer Prozessoptimierung beiträgt [Dannenberg 2011, Nadvi 2008].

2) Durch die „third party certification" und die unabhängigen Kontrollen wird das Risiko eines Lebensmittelskandals (sei es aus Umwelt-, Sozial- oder Lebensmittelsicherheitsaspekten) stark reduziert. Die Gefahr eines Imageverlustes (name and shame) und dem daraus zu erwartenden Boykott der Verbraucher wird somit gesenkt. Dies wir auch als „risk management" bezeichnet [Dannenberg 2011, Ouma 2009].

3) Die Auslagerung an Dritte (Extanalisierung) führt zu einer Kostenverlagerung (für die Zertifizierung) an die Zulieferer. So können organisatorische und koordinationsbezogene Ausgaben (Transaktionskosten) minimiert werden. Zudem geben die Einzelhändler offiziell einen Teil ihrer Verantwortung am Produkt ab [Dannenberg 2011].

Der GlobalGAP ist ein „business to business" Standard und dadurch nicht für den Verbraucher sichtbar. Um mehr Vertrauen beim Konsumenten zu erzeugen, scheint ein Labeling (als Marktinstrument) auf den ersten Blick sinnvoll. Es bestehen jedoch Hemmnisse [vgl. Dannenberg 2011: 105ff].

1) Die Gefahren liegen zum einen in der Übersättigung des Marktes an diversen Labeln (Ökosiegeln, Biosiegel, Fair Trade etc.). Weitere Label könnten eher zu einer Verwirrung des Kunden führen anstatt ihn in seiner Kaufentscheidung zu leiten. Außerdem lassen sich mit den bestehenden Bioprodukten und öko-zertifizierten Waren größere Umsätze generieren.

2) Der GlobalGAP als öffentliches Label und Marktinstrument wäre einer noch kritischeren Betrachtung ausgesetzt, die einen erhöhten Einfluss externer Akteure wahrscheinlicher macht. Gerade auch im Hinblick auf die Zuliefernetzwerke in den „Ländern des Südens" und den möglichen negativen Auswirkungen (z.B. Exklusion), könnte eine öffentliche Diskussion Druck auf die Verantwortlichen ausüben.

3) *Auch der Einzelhandel geht noch nicht von einer 100% Abdeckung aller Kriterien bei der Umsetzung und Überwachung der Produktionsprozesse aus.* In diesem Zusammenhang darf auch der Wettbewerb mit anderen Standards und Umweltmanagementsystemen nicht unterschätzt werden. Es gilt möglichst viele Zuliefernetzwerke zu zertifizieren, um die

Nachfrage für die eigenen Märkte nach den gegeben Anforderungen zu decken. *Eine kritischere Öffentlichkeit behindert den Standard in seiner Wettbewerbsfähigkeit, da stärkere Kontrollen durchgeführt und finanzielle Aufwendungen erbracht werden müssten, um weitere Risiken zu vermeiden.*

## 2.2 Steuerung und Governance des GlobalGAP

GlobalGAP ordnet sich mit seinem Aufbau in die „private agricultural governance" ein. Das zentrale Merkmal ist hierbei das Multistakeholdernetzwerk als Plattform für inhaltliche Fragen und zur Ausgestaltung der Vorgaben. Durch die Auslagerung und Übertragung wesentlicher Produktspezifikationen an den GlobalGAP, geben die Einzelhandelsketten auf den ersten Blick ein wesentliches Steuerungselement in der Warenkette ab. Dannenberg [2011: 107ff] verweist in diesem Kontext (in Anlehnung an Gereffi 1994) auf die klassische Käuferdominanz in Einzelhandelswarenketten, in denen wesentliche qualitäts- und prozessbezogene Parameter durch den GlobalGAP nun nicht mehr unabhängig getroffen werden können. Kaplinsky & Morris [2000: 5] sehen dabei eine Verschiebung in der „legislativen governance" der Wertschöpfungskette. GlobalGAP legt dabei die Kriterien für eine Zertifizierung bei einem Produkt fest und gestaltet so die Voraussetzungen für ein Marktteilnahme: „order qualifying".


Im Rahmen des GlobalGAP ist die Non-Profit-Organisation Foodplus GmbH mit Sitz in Köln als unabhängiger privater Träger für die Ausrichtung und Gestaltung des Standards verantwortlich. Ihre Aufgabe besteht in der Vernetzung der Akteure durch Foren, Gremien und Arbeitskreise. Zusätzlich ist sie für die Ausbildung der Zertifizierer zuständig und setzt die Entscheidungen im Rahmen des GlobalGAP formal um. Die Foodplus GmbH trifft ihre Entscheidungen über ein zentrales Gremium, das „GlobalGAP Executive Board". Dabei erfolgt die Zusammensetzung der Akteure zu gleichen Anteilen aus führenden Einzelhändlern (Retailer 50%) und deren Zulieferern und Produzenten (Supplier 50%) [GlobalGAP 2011]. *Das Board bildet den Kernpunkt des GlobalGAP. Alle wesentlichen Entscheidungen und Vorgaben müssen über das Gremium ratifiziert sein.* Die Einflussnahme anderer Akteure wie Verbände aus Landwirtschaft, Zertifizierern, technischen Arbeitsgruppen, Experten aus der Wissenschaft, agrochemischen Unternehmen, Marketingorganisationen und anderen Akteuren wie NGOs mit dem Board wird über ein Multistakeholdernetzwerk organisiert [vgl Abb. 2]. Diese Mitwirkenden besitzen aber nur eine beratende Funktion und verfügen über keine echte Entscheidungsbefugnis [Humphrey 2008].

**Abbildung 2 Einflüsse und Organisation bei der Gestaltung des GlobalGAP**

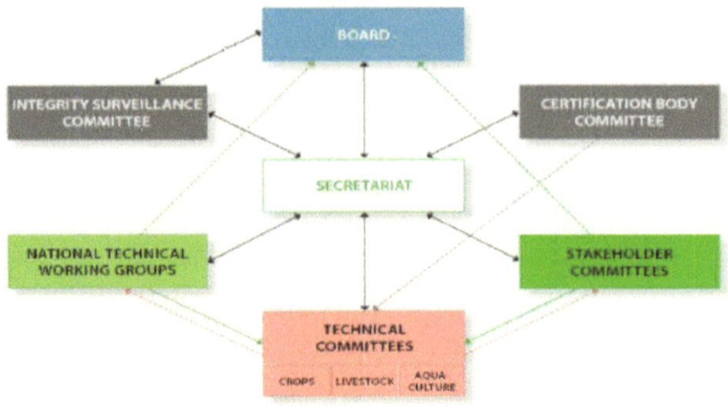


Quelle: GlobalGAP 2012

Dannenberg [2011: 109] zeigt in seiner Habilitationsschrift anhand von Experteninterviews (mit Zulieferern), dass die zentralen Entscheidungen innerhalb der Gremienarbeit maßgeblich durch den Einzelhandel geprägt sind. Diese Sichtweise wird durch die Organisationsstruktur der FoodPlus GmbH weiter bestärkt. So stammen die leitenden Personen wie Geschäftsführer und Vorsitzende im Vorstand ursprünglich aus dem Einzelhandel. Zudem wird die Foodplus GmbH indirekt durch das EHI Retail Institut (EHI steht für Euro Handel Institut) geleitet, das zu 100% die finanziellen und juristischen Eigentumsrechte und die Verantwortung als Träger inne hat. Die EHI wurde von Einzelhandelsunternehmen und deren Branchenverbänden im Jahre 1993 gegründet [EHI 2012, Fuchs&Kalfagianni 2010]. Auch die Zusammensetzung der Supplier im „GlobalGAP Executive Board" zeigt, dass vermehrt große Produzenten aus Europa in die Gremien gewählt werden und Bauernverbände nur geringfügig vertreten sind, obwohl sie einen Großteil der Zulieferer ausmachen [Dannenberg 2011, Fuchs & Kalfagianni 2010]. *Diese Strukturen offenbaren, dass die Entscheidungsgewalt weiterhin zu großen Teilen beim Einzelhandel liegt. Eine individuelle Entscheidungsunabhängigkeit gibt es aber nicht mehr.* Im Rahmen des „risk management" kann GlobalGAP auf eine breite Basis an Experten und Teilnehmern zurückgreifen. Diese Umstände gewährleisten eine gewisse universelle Sichtweise auf bestehende Probleme und Herausforderungen (bleibt zu prüfen). Durch die Funktion der vier jährigen Neuausrichtung bleibt GlobalGAP flexibel in seiner Anpassung [GlobalGAP 2012].

## 2.3 Konzeptionelle Einordnung der beteiligten Akteure

Bei der Betrachtung des GlobalGAP im Kontext der Global-Production-Networks (GPN) und der Global Value Chains (GVC) lassen sich Asymmetrien bei der Gestaltung und den Auswirkungen feststellen [Brown 2005, Dannenberg 2011, Schamp 2008, Ouma 2009]. Die Region Europa mit ihren Absatzmärkten ist dabei die treibende Kraft für die Ausgestaltung der Kriterien. Dem gegenüber besitzen die weitläufigen Zuliefernetzwerke in den „Ländern des Südens" nur geringe Möglichkeiten der Einflussnahme, haben aber zugleich mit dem „pre farmgate"-Mechanismus die eigentliche Umsetzung zu gewährleisten. Dieses Gefälle wird bei einer Betrachtung und lokalen Verortung der Mitglieder im „GlobalGAP Executive Board" deutlich. Bis auf drei Mitglieder setzt sich das Board vorwiegend aus europäischen Akteuren zusammen. Von den drei außereuropäischen Mitgliedern stammen zwei aus Nordamerika und nur einer aus der südlichen Hemisphäre (Peru) [vgl. Abb. 3: 13]. Ein ähnlich dominantes Verhältnis besteht auch bei der Herkunft der Zertifizierer (84 von 122 stammen aus der EU) [GlobalGAP 2012]. Diese Rahmenbedingungen werden daher auch als „Cross Regional Influence" (CRI) bezeichnet [Dannenberg 2011]. Die Überlegungen zur CRI können mit einer top down-Funktion gleichgesetzt werden. Die Vorgaben aus Region A sind dabei verpflichtende Leitbilder für Region B, um produzierte Güter zu exportieren [in Anlehnung an Kaplinski & Morris „order qualifying"]. Innerhalb Europas lassen sich aus den in Kapitel 2.1 beschriebenen Gründen für die Einführung des GlobalGAP ketteninterne und kettenexterne Faktoren für die CRI ableiten. Diese Unterteilung stammt aus den inhaltlichen Überlegungen der GPN- und GVC-Ansätze. Die GPNs untersuchen im Rahmen der Embedness nach treibenden externen Einflüssen (z.B. gesetzliche und gesellschaftliche Institutionen) in welche Wertschöpfungsprozesse eingebettet sind [vgl. Henderson 2002, Coe et al. 2004]. Der GVC-Ansatz mit den Dimensionen der Territorialität, der Input-Outputbeziehungen und der Governance eignet sich für die Analyse von ketteninternen Machtgefügen und Einflüssen entlang von Warenketten [vgl. Gereffi et al. 2005].

Zu den kettenexternen Akteuren zählen Konsumenten, NGOs, die Politik bzw. der Gesetzesgeber, die europäischen Produzenten und die Medien [vgl. Dannenberg 2011: 74ff]. Die Gründe und die Ziele der jeweiligen Akteure für die Entwicklung des GlobalGAP wurden schon in Kapitel 2.1 angedeutet (Veränderungen der Konsumpräferenzen, gesetzlichen Vorschriften und eine kritische Öffentlichkeitsarbeit der Medien oder NGOs). In diesem Zusammenhang stellt die Position der europäischen Produzenten eine neue Sichtweise dar. Am Anfang standen sie dem GlobalGAP skeptisch gegenüber, da die Implementierung mit erhöhten organisatorischen und zeitlichen Aufwendungen einherging [Dannenberg 2011]. Im weiteren Verlauf kam es jedoch zu einer Befürwortung und Unterstützung des Standards. Der globale Wettbewerb im Agrarhandel setzt vor allem Produzenten in den Industriestaaten unter Druck, da sie oftmals nicht so kostengünstig produzieren können wie die Zulieferer aus den Ländern des Südens [Hughes 2009]. Gerade in arbeitsintensiven Industriezweigen wie dem Obst- und Gemüseanbau bestehen für Entwicklungsländer  komparative Kostenvorteile durch die geringen Löhne [Dolan/Humphrey

2000]. In der Vergangenheit begegneten die westlichen Regierungen dieser Problematik mit Zöllen, Quoten und Subventionen, die zu einer kritischen Bewertung durch NGOs, Medien und den „Ländern des Südens" führten und teilweise gelockert werden mussten. Dadurch stieg der Druck auf die europäischen Produzenten. Mit dem GlobalGAP als Voraussetzung für eine Marktteilnahme bietet sich nun eine neue Ausgangslage im Wettbewerb. Die hohen Anforderungen im Qualitäts- und Prozessbereich können von den europäischen Produzenten leichter umgesetzt werden, da sie im Vergleich zum südlichen Konkurrenten ein höheres know-how, bessere Technologien und mehr Kapital besitzen. Jaffee [2005: 15ff] bezeichnet das Motiv der europäischen Produzenten daher als klassischen Marktprotektionismus[1], um die eigene Rentabilität zu steigern. Gerade im Bereich der Lobbyarbeit gibt es Hinweise auf Versuche zu einer Instrumentalisierung des GlobalGAP von Seiten der europäischen Produzenten [Jaffee 2005]. Die UNCTAD (United Nations Conference on Trade and Development) verweist in diesem Kontext auf die Gefahr von nicht-tarifären Hemmnissen bei einer Vernachlässigung kleiner Zulieferer durch fehlende Hilfestellung führender Unternehmen [UNCATD 2007]. Es ergibt sich die Frage nach den konkreten Problemen und Herausforderungen der Zulieferer in den Ländern des Südens bei der Umsetzung der Kriterien für eine GlobalGAP – Zertifizierung? In Tabelle 2 sind noch einmal die wichtigsten externen Akteure dargestellt. Es wird dabei nach den Zielen, dem jeweiligen Machtpotential und der territorialen Verortung im Rahmen des GlobalGAP unterschieden.

**Tabelle 2 Externe Einflüsse auf den GlobalGAP**

| Akteur | Ziel | Macht | Territorium |
| --- | --- | --- | --- |
| **Konsument** | Qualität und Sicherheit, Soziale und Umweltziele | Als Individuum gering, teilweise jedoch erheblich, u.a abhängig von Organisations- und Mobilisierungsgrad | Europa |
| **Staat** | Lebensmittelsicherheit, Nachhaltigkeit des Konsums | Steuerung durch Gesetzesgebung | Europa bzw. nationales Hoheitsgebiet |
| **NGOs** | Einhaltung von Umweltstandards | Im Rahmen öffentlicher Kampagnen z.T. Erheblich, ansonsten beschränkt. | Unterschiedlich; von global bis lokal |
| **Medien** | Aufklärung der Öffentlichkeit, aber auch höhere Auflage daher teilweise Kampagnen | Kann erheblichen Druck aufbauen | Regional, national, teilweise darüber hinaus |
| **Europäische Produzenten** | Rentabilität, Vermeidung ausländischer Konkurrenz durch hohe Standards | Gegenüber Einzelhandel eher gering, durch die Vernetzung zu Foodplus und Politik z.T erheblich | Europa |

**Quelle:** Veränderte Darstellung nach Dannenberg 2011

---

1 Im Umkehrschluss kann der GlobalGAP als nicht tarifäres Handelshemmnis gewertet werden, da dass benötigte Kompetenzniveau und die Kapitalausstattung ohne externe Hilfe zu einer Marktexklusion für die Zulieferer in den Ländern des Südens führt. Diese These muss im Weiteren geprüft werden.

Die ketteninternen Akteure sind die Einzelhandelsunternehmen, der Großhandel, die Foodplus GmbH (GlobalGAP) und die Zertifizierer [Dannenberg 2011]. Viele Untersuchungen und Studien der letzten Jahre belegen im Kontext der GVC-Ansätze eine klare Dominanz des Einzelhandels innerhalb agrarischer Wertschöpfungsketten [vgl. Brown 2005, Gereffi et al. 2005, Humphey Dolan 2004, Nadvi 2008, Reardon et al. 2001]. Diese Dominanz ist die Folge eines strukturellen Wandels in den Industriestaaten, in dessen Zuge es zu einer Konzentration auf wenige sehr große Einzelhandelsunternehmen kam. Mit der zunehmenden Internationalisierung von Wertschöpfungsketten besitzen die Einzelhandelsunternehmen eine oligopolistische Position, die zu Angebots- und Nachfrageseite hin ausgeprägt ist [Coe et al. 2004]. Dieses Phänomen wird auch als „bottle neck" bezeichnet. Wertschöpfungsketten, die ehemals über den Markt koordiniert wurden sind nun käufergesteuert. Die Voraussetzungen für eine Partizipation an der Warenkette (terms of condition) werden dabei über Produkt-, Prozess- und Logistikparameter vom Einzelhandel (lead firm) an die Zulieferer weitergereicht [Humphrey & Schmitz 2002].

Der GlobalGAP als einheitlicher Standard für Agrargüter formuliert in diesem Kontext die zentralen Forderungen von Seiten des Handels an die vorgelagerten Akteure (vgl. Kapitel 2.1). Der Großhandel (vertreten durch Importeure & Exporteure) ist im Kontext der GVC-Ansatzes der Schlüsselzulieferer („turn key supplier") und bildet die Schnittstelle zum Produzenten [Gereffi et al. 2005, Dolan & Humphrey 2004]. Der Großhandel sieht sich dadurch verschiedenen Herausforderungen gegenüber. Zum einen setzten ihn die hohen Marktanteile der führenden Einzelhandelsunternehmen (über 80% Marktanteil[2]) in den Aushandlungen der Lieferverträge preislich unter Druck. Zum anderen muss der Großhandel die bestehende saisonal unabhängig Nachfrage nach zertifizierten agrarischen Gütern decken und benötigt eine breite Zulieferbasis (Sourcing-Möglichkeit) [Jaffee 2005]. Hieraus ergibt sich ein Spannungsfeld aus Sicherheit und Flexibilität. Die Position des Großhandels ist dabei intermediär. Hierbei stellt sich die Frage, inwieweit sich „Upgradingprozesse"[3] über den Großhandel an die Produzenten in den Ländern des Südens weiterleiten lassen, um Bauern und Produzenten eine Zertifizierung zu ermöglichen?

---

2 „Im westlichen Europa haben wir einen Massenmarkt der durch hohe Umsätze und geringe Gewinnmargen gekennzeichnet ist" [Dannenberg 2011: 95].
3 „Upgradingprozesse" sind als Aufwertungsprozesse zu verstehen, bei denen es durch „Spillover-Effekte" an den Schnittstellen der Warenkette zu Kompetenzgewinnen des Zulieferers kommt. Diese Kompetenzen unterscheiden sich nach produkt-, prozess-, organisations- und funktionsspezifischen Kriterien. Die Möglichkeiten eines „Upgradings" hängen vom Zugang zu Kapital, know-how und von regulativen Rahmenbedingungen ab. Gerade in Wertschöpfungsketten bieten sich solche Zugänge über die Vernetzung der Akteure. Ob es dabei zu einem „Upgrading" des Zulieferers durch den vorgelagerten Auftraggeber kommt, hängt stark von der Art der Wertschöpfungskette ab. Generell kann gesagt werden: je abhängiger, hierarchischer bzw. vertikaler eine Wertschöpfungskette zwischen den Beteiligten verläuft desto wahrscheinlicher sind „Upgradingprozesse", da opportunistisches Verhalten vom Zulieferer nur gering möglich ist, aber sich der eigene Nutzen, z.B durch Auslagerungen von Produktionsschritten, erhöht. Die Struktur von Wertschöpfungsketten ist somit entscheidend wenn von Aufwertungsprozessen gesprochen wird [stark vereinfacht vgl. Humphrey 2004 : 2ff].

Wichtig für den Handel ist hierbei die gesicherte Versorgung mit zertifizierter Ware, aber auch die Vermeidung von Risiken und die Möglichkeit einer verschärften Regelung durch den Gesetzesgeber. In Tabelle 3 sind die ketteninternen Akteure dargestellt. Wie bei den externen Akteuren wird dabei nach den Zielen, dem jeweiligen Machtpotential und der territorialen Verortung im Rahmen des GlobalGAP unterschieden.

**Tabelle 3 Interne Einflüsse auf den GlobalGAP**

| Akteur | Ziel | Macht | Territorialität |
|---|---|---|---|
| **Einzelhandel** | Risikovermeidung, Rückverfolgbarkeit, Transaktionskostenreduktion Extanalisierung von Risiken, hoher Umsatz und Gewinn bei flexiblen großen Zuliefermengen | Zentrale Governance und Steuerungsfunktion, oligopolistische Markt- und Abnehmermacht | Europa |
| **Großhandel** *umfasst hier Importeure und auch Exporteure!* | Risikovermeidung, Umsatz, Prävention von Gesetzesverschärfungen durch den Ausbau von UMS, Erhalt umfangreicher Sourcing Möglichkeiten, *langfristiger Kontaktaufbau zu aktuellen Entscheidungsträgern* | Gesteuert durch den Einzelhandel, kann Anforderungen an eigene Zulieferer weitergeben | Europa / Ausland |
| **GlobalGAP** | Umsetzung der Ziele der Mitglieder (primär Einzelhandel), Wachstum im Verdrängungswettbewerb | Im wesentlichen gesteuert und beherrscht durch den Einzelhandel, steht im Wettbewerb mit anderen Standards. | Steuerung bisher v.a. durch europäische Akteure, Zentrale in Köln |
| **Zertifizierer** | Finanzierung durch unabhängige Kontrolle der Standards | Unabhängig , aber rein ausführendes Organ ohne Gestaltungsspielraum | Agieren weltweit, bisher fast ausschließlich Europäer |

**Quelle:** Veränderte Darstellung nach Dannenberg 2011

Für eine tiefer gehende Auswertung und Beurteilung des GlobalGAP sind im weiteren Verlauf der Arbeit die wesentlichen Hemmnisse bei seiner Einführung (in den „Ländern des Südens") zu untersuchen, aber auch die Möglichkeiten von „Upgradingprozessen" entlang agrarischer Warenketten. Hierbei ist zu erwarten, dass dem Großhandel eine entscheidende Rolle zukommt, da er sich in einem Spannungsfeld (starke Nachfrage einerseits und unsichere Versorgung durch zertifizierte Produkte andererseits) bewegt. In der Folgenden Abbildung 3 werden noch einmal wesentliche Befunde im Rahmen der CRI zusammengefasst.

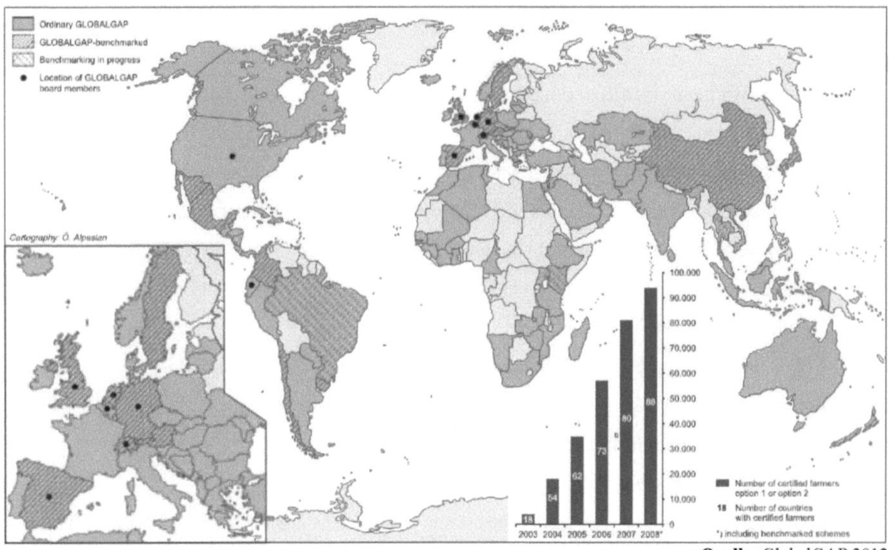



**Quelle:** GlobalGAP 2012

# 3 Allgemeine Probleme und Hemmnisse bei der Einführung

Verschiedene Studien von Wissenschaftlern haben in den letzten 10 Jahren grundlegende Hemmnisse für Produzenten im Agrarsektor in den „Ländern des Südens" identifizieren können [vgl. Brown 2005, Dannenberg 2011, Fuchs & Kalfagianni 2010, Humphrey & Dolan 2004, Ouma 2009]. Das Interesse am GlobalGAP ist dabei weiterhin groß, da im Vergleich zu anderen Standards (BRC, IFS) prozessbezogene Kriterien im Mittelpunkt stehen. Diese haben, wie das Fallbeispiel Kenia verdeutlichen wird, zu einem grundlegenden Wandel in den internationalen und lokalen Wertschöpfungsketten und ihrer Steuerung beigetragen. Bevor das Fallbeispiel Kenia beschrieben wird, dient dieses Kapitel der Identifizierung der wichtigsten Problematiken und Hemmnisse, die übergreifend für alle Entwicklungs- und Schwellenländer gewertet werden können.


Im Zentrum der Kritik stehen die sogenannten „cost of compliance" (Einführungskosten für den GlobalGAP) [ Brown 2005, Dannenberg 2011, Humphrey & Dolan 2004, Ouma 2009]. Diese Kosten betreffen vor allem die Kleinbauern und Farmer, da sie die Akteure sind, die im Rahmen des „pre farmgate"-Mechanismus die Umsetzung gewährleisten müssen und durch die externen Kontrollen ein Zertifikat erhalten. Die Kosten verteilen sich dabei auf verschiedene Bereiche. Dabei können diese in Fix- und Betriebskosten unterteilt werden [vgl. Brown 2005, Dannenberg

2011, Ouma 2009]. Die generellen Kosten setzen sich wie folgt zusammen [vgl. Brown 2005, Dannenberg 2011, Fuchs&Kalfagianni 2010, Humphrey&Dolan 2004, Ouma 2009].

1) Bei einer formalen Zertifizierung fallen Kosten für das eigentliche Zertifikat, für sogenannte Pre-Audits und Analysen von Boden- bzw. Wasserproben an, auch die Flugreise des Kontrolleurs wird vom jeweiligen Antragsteller übernommen.

2) Darüber hinaus werden für eine Zertifizierung technische Infrastrukturen benötigt. Dazu zählen Lagerhallen für Dünger, Saatgut, Chemikalien und Produkte. Zudem muss eine Kühlkette zum Exporteur gewährleistet sein. Dies kann Kühlhäuser, aber auch Kühltransporter beinhalten.

3) Für eine dauerhafte Gewährleistung in der Praxis müssen die Bauern Schulungen durchlaufen, in denen sie Wissen für eine fachgerechte Bewirtschaftung und organisatorisches know-how für die Dokumentierungen erhalten.

4) Jede Farm brauch sanitäre Anlagen für die Arbeitskräfte.

5) Durch die besonderen Auflagen benötigen die Bauern ausgewiesene Sorten, Pflanzenschutzmittel und Chemikalien, die in den meisten Fällen teurer sind als die zuvor verwendeten Mittel.

6) Durch die Dokumentierung und die Eigenkontrollen kommen zeitliche und arbeitsintensivere Aufgaben im Alltag hinzu.


Zusammengefasst bestehen die „cost of compliance" aus formalen, technischen, organisatorischen, sozialen und laufenden Kosten. Gerade die ländlichen Strukturen vieler „Länder des Südens" sind durch periphere Raummuster geprägt, mit einer großen Anzahl kleinen Farmen und Familienbetriebe. In diesen stark segmentierten Strukturen erreichen viele Betriebe gar nicht die notwendige Größe, die eine Zertifzierung aus eigener Kraft überhaupt möglich machen würde. Berechnungen zeigen, dass viele Farmen den Umsatz eines Jahres benötigen, um ein Zertifikat zu erwerben [Brown 2005, Dannenberg 2011, Fuchs & Kalfagianni 2010]. Im Gegensatz dazu sind die europäischen Produzenten technisch und organisatorisch den Konkurrenten im Süden weit überlegen. Für sie ist die Anpassung längst nicht so aufwendig, da die nationalen Gesetzesgebungen schon länger ähnliche Vorschriften beinhalten [Dannenberg 2011, Fuchs & Kalfagianni 2010, Ouma 2009]. Zudem sind die Strukturen im Agrarsektor durch große kapitalintensive Betriebe gekennzeichnet. Diese Disparitäten zwischen europäischen Produzenten und Herstellern aus Entwicklungsländern sind das Kernargument der Kritiker des GlobalGAP. Auch im Rahmen der

„Cross Regional Influence" wird betont, dass nur auf die Bedürfnisse der europäischen Seite geachtet wird und die Realitäten im Süden ignoriert würden [Dannenberg 2011, Ouma 2010]. Die Gefahr einer Marktexklusion sei durch die hohen „cost of compliance" eine Gefahr für die Bauern. Gerade in Ländern, in denen der Agrarsektor die Rolle einer Subsistenzwirtschaft übernimmt, seien die Auswirkungen einer Marktexklusion nicht zu unterschätzen [Brown 2005, Fuchs & Kalfagianni 2010, Humphrey & Dolan 2004].

GlobalGAP reagierte schon früh auf diese Kritik mit Gruppenzertifizierungen für Bauern und Farmverbände. Dadurch konnten die Kosten deutlich gesenkt werden, im Schnitt um bis zu 75% für die einzelnen Produzenten [Dannenberg 2011, Fuchs & Kalfagianni 2010]. Doch die Kosten sind auch weiterhin eine hohe Belastung für die Bauern und Farmer. Zusätzlich bleiben Problematiken wie organisatorisches Wissen und höhere Belastungen im Alltag bestehen [Dannenberg 2011, Ouma 2010, Ouma 2009].

Trotzdem wächst die Zahl der weltweit zertifizierten Betriebe weiter an. Von ungefähr 18.000 im Jahr 2004 auf über 100.000 im Jahr 2010. Diese Zahlen belegen eine deutliche Diffusion des Standards und sprechen für die These von „Upgradingprozessen" für Produzenten entlang von Wertschöpfungsketten und gegen eine generelle Exklusion vom Export. Im Folgenden soll das Beispiel des kenianischen Gartenbaus einen Einblick in die strukturellen Veränderungen geben, die im Zuge des GlobalGAP entstanden.

## 4 Das Beispiel des kenianischen Gartenbausektors

Der kenianische Gartenbausektor umfasst Frischgemüse, Frischobst und Zierpflanzen. Im Jahr 2007 erzielte der Gartenbausektor Exporterlöse von 700 Mio. Euro. Damit ist er der größte Devisenbringer des Landes, noch vor dem Tourismus [Ouma 2009: 8]. Die Hauptzielländer für den Export sind Großbritannien, Deutschland, Frankreich, die Schweiz, Belgien und die Niederlande sowie Italien [Dannenberg 2011: 132]. Diese Strukturen offenbaren eine starke Abhängigkeit von Europa und eine Einbettung in Süd-Nord-Handelsnetzwerke [Dannenberg 2011, Ouma 2010]. Mit der Einführung des GlobalGAP war der Argrarsektor in Kenia somit direkt betroffen, da andere Handelsbeziehungen nur gering ausgeprägt waren und somit keine Ausweich-möglichkeiten zur Verfügung standen. Die Exportquoten sanken aber nicht durch die neuen Auf-lagen aus dem europäischen Handel, sondern steigerten sich sogar um ein Vielfaches von 150 Mio. Euro Exporterlösen im Jahr 2000 auf 700 Mio. im Jahr 2007 [Ouma 2009: 8]. Die hohen Nachfragemengen an homogenen Gütern von europäischen Einzelhändlern führten zu einer

Konsolidierung der Exportstrukturen. Kleine Exporteure wurden vom Markt gedrängt und wenige Große blieben (im Jahr 2005 rund 60) [Dannenberg 2011: 132]. Im weiteren Verlauf soll die Entwicklung und Umstrukturierung des kenianischen Agrarsektors im Kontext der GVC-Ansatzes aufgezeigt werden. Im Fokus stehen dabei die überregionalen Handelsbeziehungen zwischen der EU und Kenia und die lokalen Beziehungen im kenianischen Gartenbausektor.

## 4.1 Der Großhandel zwischen der EU und Kenia

Im Rahmen des GVC-Ansatzes wurde in Kapitel 2 die Dominanz des Einzelhandels als „lead firm" in agrarischen Wertschöpfungsketten herausgearbeitet. Mit dem GlobalGAP als Standard geben die Einzelhändler wesentliche Parameter („terms of conditions") an die nachgelagerten Zulieferer weiter („legislative governance"). Der Großhandel als Schlüsselzulieferer steht dabei im Spannungsfeld, zertifizierte Ware zu beschaffen und gleichzeitig flexibel auf Liefermengen und -zeiten zu reagieren. Im Agrarsektor in Europa stehen viele kleine Importeure einigen wenigen großen Einzelhandelsunternehmen gegenüber. Daraus ergibt sich eine Übermacht des Einzelhandels mit einer geringen Verhandlungsbasis für die Zulieferer. Gleichzeitig sind die Importeure stark an die „lead firms" gebunden, da sie den Zugang zum Markt bilden [Dannenberg 2011, Gereffi et al. 2005]. Aus konzeptionellen Überlegungen stünden die Importeure aus der EU in der Verantwortung, die geforderten zertifizierten Waren zu beschaffen. Damit wären sie nach den  klassischen Modellen die „turn key supplier" mit einer organisatorischen Verantwortung für nachgelagerter Schritte und Stufen im Wertschöpfungsprozess (modularer Aufbau) [Gereffi et al. 2005].
Im Obst- und Gemüsehandel zwischen der EU und Kenia übernehmen die europäische Importeure jedoch nur selten die Rolle des Schlüsselzulieferers ein (vereinzelt in hierarchisch strukturierten Warenketten, z.B bei EDEKA) [Dannenberg 2011]. Die Gründe sind die weitläufigen Beschaffungs-möglichkeiten auf dem Weltmarkt.  Die Importeure können dabei aus einer Vielzahl an Exporteuren wählen und geraten selbst in kritischen Jahreszeiten (Winter) durch die enge Vernetzung mit den Ländern um den Äquator nicht in die Bedrängnis von Lieferengpässen [Brown 2005, Dannenberg 2011, Ouma 2009]. Dadurch besteht für sie kein zwingender Druck, organisatorisch in die Steuerung von Wertschöpfungsketten einzugreifen. Der globale Wettbewerb verlagert den organisatorischen Druck auf die Exporteure in den Produzentenregionen. Für eine erfolgreiche Marktteilnahme in der EU müssen sie aktiv ihre Zulieferer in den lokalen Regionen unterstützen, um die geforderten Rahmenbedingungen zu erfüllen. Dadurch benötigen sie ein hohes Kompetenzniveau für die organisatorischen Prozesse und müssen gleichzeitig auch die Entwicklungen am europäischen Markt und innerhalb des GlobalGAP berücksichtigen [Dannenberg 2011, Ouma 2009]. Die kenianischen Exporteure stellen somit in den überregionalen Beziehungen

zwischen der EU und Kenia die „turn key supplier" innerhalb der Wertschöpfungskette dar und übernehmen die „executive governance". Die europäischen Importeure befinden sich durch die vorliegenden Ausgangsbedingungen in einer gebunden Beziehung zum Einzelhandel, da sie keine Kompetenzen als Schlüsselzulieferer benötigen [Dannenberg 2011].

Der kenianische Gartenbau ist seit 1975 durch die Fresh Produce Exporters Association of Kenya (FPEAK) organisiert. Neben den Exporteuren zählen Produzenten, Dienstleistungsanbieter aus dem Gartenbau, Fluggesellschaften, Zertifizierungsinstitutionen, Saatgut und Verpackungshersteller, Chemieunternehmen, Speditionen und Berater zu den Mitgliedern [FPEAK 2012]. Diese Handelsorganisation unterstützt vor allem die Exporteure und Produzenten bei der Umsetzung und Koordination ihrer Prozessabläufe. Dazu zählen Schulungen, Informationen über Veränderungen im Zielmarkt und Aufklärung über aktuelle Entwicklungen beim GlobalGAP. [FPEAK 2012] Die FPEAK bildet eine wichtige informative Schnittstelle zwischen Kenia und der Europäischen Union und dient auch als Verhandlungsbasis zwischen den Akteuren des kenianischen Gartenbausektors und dem Einzelhandel. So konnte im Rahmen des GlobalGAP ein äquivalenter kenianischer Standard (KenyaGAP) 2007 implementiert werden. Der KenyaGAP orientiert sich nach den wesentlichen Kriterien des GlobalGAP, ist aber eher an die Bedürfnisse der kenianischen Gartenbausektors angepasst. Dieses „Benchmarking" bestätigt die Anpassungsfähigkeit der „private regulation" im Rahmen des GlobalGAP (vgl. Kapitel 2.2]. Es bleibt aber abzuwarten, inwieweit sich der KenyaGAP durchsetzen kann und ob er die zentralen Probleme der „cost of compliance" bewältigt [Dannenberg 2011, Ouma 2010, Ouma 2009, UNCATD 2007].

Die überregionalen Beziehungen zwischen Kenia und der EU bestätigen die Asymmetrien (CRI) im Rahmen des GlobalGAP (vgl. Kapitel 2.3). Hierbei kommt es zu einer vollständigen Ausrichtung bzw. Anpassung an die vorgegeben Strukturen („legislative governance"). Damit ist die Schnittstelle zwischen der EU und Kenia im Gartenbausektor durch eine klassische Käufer-getriebene Warenkette dominiert.


## 4.2 Lokale Governance im kenianischen Gartenbausektor

In den Untersuchungen von Dannenberg ergeben sich fünf Zulieferstrukturen zwischen Exporteur und Produzenten, die in einem Kontinuum zwischen reiner Marktbeziehung und einem hierarchischen Aufbau verlaufen (vgl. Abbildung 4). Diese Strukturen decken sich mit den Befunden von Ouma [2009]. Generell ist festzustellen: je vertikaler die Produzenten mit den Exporteuren vernetzt sind, desto stärker koordiniert der Exporteur die vorgelagerten Schritte [vgl. Abbildung 4: 19].

Das Beispiel A beschreibt eine vertikale Integration in der die Exporteure eigene Großbetriebe besitzen und für den gesamten Produktionsprozess die direkte Verantwortung tragen. Umsetzungsschwierigkeiten bei der Implementierung des GlobalGAP treten nicht auf, da genügend Kompetenzen und Kapital zu Verfügung stehen. Diese Betriebe sind durchaus mit europäischen gleichzusetzen, da sie durch ihre Größe sowie technische und kapitale Ausstattung gleiche Merkmale aufzuweisen. Die FPEAK schätzt, dass ungefähr 30% des gesamten Exportanbaus (im Jahr 2009) durch diese Betriebe produziert wurden. Dabei machen sie aber nur 1% der Betriebe des Gartenbausektors aus [Dannenberg 2011: 142].

In den gebundenen Beziehungen (Beispiel B) koordiniert ein Exporteur mehrere hundert kleine Familienbetriebe um eine in seinem Besitz befindliche Großfarm und hilft ihnen bei der Umsetzung im Rahmen des GlobalGAP über ein eigenes Qualitätsmanagementsystem. Dabei setzt er eigene Kontrolleure und technische Assistenten für die Schulung und Gewährleistung der vorgegebenen Kriterien ein. In diesem Zusammenhang kommt es zu direkten „face to face"-Kontakten zwischen den Assistenten und den Bauern. So können Fragen und Problemstellungen besser kommuniziert werden. Der Exporteur übt damit eine „proaktiv-unterstützende" Funktion aus, die auch als „exekutive Governance" bezeichnet wird (in Anlehnung an Kaplinsky & Morris 2000: 30). Durch konkrete Hilfestellungen in organisatorischen und fachlichen Belangen sowie durch teilweise finanzielle Unterstützungen des Exporteur ist eine Implementierung des GlobalGAP „relativ" kostengünstig für die kleinbäuerlichen Betriebe. Daraus ergeben sich gebundene langfristige Verhältnisse, die durch Verträge abgesichert sind. Dies bringt beiden Seiten Vorteile. Zum einen kann der Exporteur auf eine zuverlässige zertifizierte Produktion relativ kostengünstig zurückgreifen. Zum anderen stehen die kleinen Betreibe untereinander nicht in Konkurrenz und haben ein gesichertes Einkommen. Diese Form der Steuerung findet im kenianischen Gartenbau eine große Verbreitung [Dannenberg 2011: 143ff]. Dabei ist die Koordinationsform jedoch auf räumliche Nähe zum Exporteur abhängig.

In Beispiel C besitzen die Farmen keine direkte Beziehung zum Exporteur und agieren selbstständig auf dem kenianischen Markt. Exporteure benötigen in Zeiten großer Nachfrage Ausweichmöglich-keiten in den Beschaffungsstrukturen und greifen dann vermehrt auf diese Zulieferer zurück. Dannenberg sieht diese Beziehungen als relational an, da die Exporteure gerade im Bereich des Wissensaustausch über den GlobalGAP beratend und unterstützend mitwirken. Als Beispiel führt er Agenten der Exporteure auf, die die Produkte direkt am Erzeugerort abholen und so den Bauern vor Ort beratend (face to face) zu Verfügung stehen. Eine gezieltes Organisationsmanagement von Seiten des Exporteurs fehlt jedoch [Dannenberg 2011:144 ff].

**Abbildung 4 Absatzorganisation im kenianischen Frischobst- und Gemüseanbau**

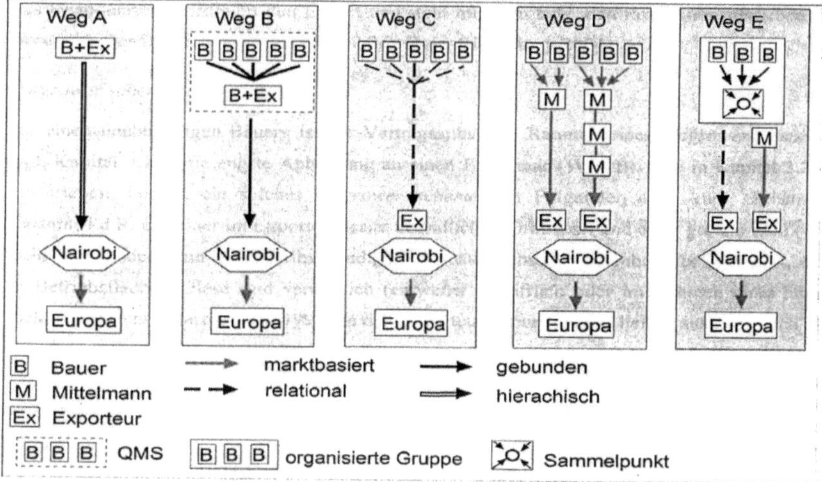


Quelle: Dannenberg 2011: 142

Gerade in peripheren Regionen verläuft die Beziehung zwischen einem Exporteur und einem Farmer über Dritte (Beispiel D). Diese sogenannten Broker besitzen dabei eigene Transportfahrzeuge und liefern die Ware an die Exporteure. In diesen Zusammenhängen verlaufen die Strukturen und Koordinationen über den Markt und setzen vor allem die kleinbäuerlichen Betriebe im Rahmen des GlobalGAP unter Druck. Zum einen fehlt ihnen durch den direkten Kontakt zum Exporteur eine Hilfestellung bei der Umsetzung der vorgegebenen Kriterien. Zum anderen bekommen sie oft weniger Geld für ihre Waren, da der Broker beim Weiterverkauf eine Gewinnmarge benötigt. Diese Problematik verschärft sich je mehr Broker zwischen die Exporteure und die Farmer zwischengeschaltet sind. Je peripherer eine Region ist, desto mehr zwischengelagerte Broker gibt es. Diese Ausgangslage wirkt sich nachteilig auf die Implementierung des GlobalGAP aus, da die „cost of compliance" extrem hoch sind (kleine einzelne Betriebe, periphere Lage, schlechte Ausgangsposition) [Dannenberg 2011: 145ff].

Das Beispiel E beschreibt die Gruppenzertifizierung im Rahmen des GlobalGAP. Dabei schließen sich mehrere Bauern lokal (meistens in Dörfern) zusammen und verkaufen dann ihre Produkte (über einen Sammelpunkt) direkt an einen zwischengelagerten Broker (marktgesteuerte Beziehung). Dannenberg hebt verschiedene Vorteile bei einer Gruppenzertifizierung hervor. Innerhalb der Gemeinschaft lassen sich demnach die Kosten für eine Zertifizierung und technische Infrastrukturen teilen und es kommt zusätzlich zu einem Wissensaustausch zwischen den Beteiligten. Nach außen haben die Gruppen durch die größeren Mengen eine stärke Verhandlungsbasis und können zum Teil auch aus peripheren Regionen direkt an den Exporteur liefern, wenn sie die entsprechenden Mengen erreichen [Dannenberg 2011: 148].

## 4.3 Zielführung des GlobalGAP in Kenia?

Dannenberg untersuchte in seiner Studie zusätzlich die konkreten Probleme für die Produzenten im Rahmen einer GlobalGAP Implementierung. *Die generellen Ergebnisse decken sich mit den in Kapitel 3 aufgeführten Hemmnissen.* Je nach Koordinationsform zwischen Exporteur und Bauer kommt es aber zu abweichenden Resultaten. Abgesehen von dem Beispiel A (hierarchisch) ist das zentrale Problem die Finanzierung des GlobalGAP bei der Einführung. Diese Problematik gestaltet sich bei den Gruppenzertifizierungen natürlicherweise geringer als bei den einzelnen Betrieben. In Abhängigkeit von der Größe des Betriebes, der Schulbildung, dem jährlichen Umsatz und der Verkehrsanbindung der einzelnen Betriebe kommt Dannenberg zu dem Schluss, dass ein Großteil der kleinen peripheren Bauernbetriebe eine eigene GlobalGAP-Zertifizierung nicht alleine stemmen kann. Je vertikaler eine Bauer mit einem Exporteur hingegen integriert ist, desto einfacher gestaltet sich für ihn die Umsetzung des GlobalGAP. Hierbei betont Dannenberg die Wichtigkeit des Exporteurs als Schlüsselfigur, der die vorgelagerten Schritte durch Vorgabe der „legislativen governance" organisiert und gestaltet. [Dannenberg 2011: 151ff]. Diese Befunde decken sich mit den Forderungen der UNCATD im Kontext des GlobalGAP nach einer Hilfestellung führender Unternehmen (vgl. Kapitel 2.3: 10).


*Überraschenderweise konnten im Rahmen der Befragungen Dannenbergs aber nur 24% der beteiligten Produzenten eine formale Zertifizierung vorzeigen, obwohl sie angaben, in die EU zu liefern* [Dannenberg 2011: 162ff]. Das Ergebnis deutet klare informelle Arrangements zwischen den Beteiligten in der Lieferkette an. Als Gründe hierfür nennt Dannenberg opportunistisches Verhalten der einzelnen Akteure (z.B Broker mischen nicht-zertifizierte Ware unter die Lieferungen, um höhere Gewinnmargen einzustreichen). Zudem sind die Überprüfungen für die Zertifizierer teilweise sehr komplex und erschweren eindeutige Nachweise (z.B Wasseranalysen, Bodenproben direkt zum jeweiligen Feld zurückzuverfolgen). Gerade die schwankende Nachfrage in den Märkten der EU setzte die Exporteure bei ihrer Auswahl unter Druck. Bei einer plötzlichen hohen Nachfrage greift der Exporteur auf die marktkoordinierten Beziehungen zurück und achtet nicht in jedem Falle auf formale Zertifizierungen [Dannenberg 2011: 163ff]. Dannenberg sieht in seinen Ergebnissen eine fehlende Ausrichtung des GlobalGAP an den lokalen Bedürfnissen des kenianischen Gartenbausektors. Dies führe aber nicht zu einer Exklusion der Akteure, sondern zu informellen Arrangements. Er bemängelt die einseitige Gestaltung im Zusammenhang der „CRI" durch europäische Interessensgruppen und fordert eine Verringerung der Asymmetrien in Bezug auf die Ausgestaltung der „legislative governance" entlang der Warenkette [Dannenberg 2011].

Dass mehr als 70% der Befragten ohne Zertifikat in die EU liefern, ist auf den ersten Blick kaum vorstellbar. Dannenberg befragte rund 158 Betriebe. In Kenia gibt es weit mehr als 10.000 Produzenten im Obst- und Gemüseanbau [FPEAK 2012]. Überträgt man die Zahlen, so wären mehr als 7.000 Betriebe informell unter einer falschen GlobalGAP-Zertifizierung in den Handel involviert. Diese Zahl ist jedoch eher unwahrscheinlich, bedenkt man das hohe Engagement des FPEAK und der Exporteure in Kenia. Das der bestehende Druck zu vermehrten informellen Arrangements führt wird dabei nicht in Frage gestellt.

Eine Studie von Graffham, Karehu & MacGregor im Jahr 2007 kommt zu einem anderen Ergebnis. Bei einer Befragung von 11 Exporteuren, mit einem Anteil von über 90% an den kenianischen Gemüseexporten in die EU, stellten die Autoren weitläufige Exklusionen von Zulieferern im Zuge des GlobalGAP fest. So bezogen die Exporteure vor der Einführung des GlobalGAP im September 2003 Produkte von über 9342 kleinbäuerlichen Betrieben. Mitte 2006 waren es 60% weniger. Die Studie lässt aber offen, was mit den ausgeschlossenen Betrieben passierte [Graffham et al. 2007]. Hierbei sind informelle Arrangements ebenso denkbar wie kollektive Zusammenschlüsse zur Implementierung des GlobalGAP.

Ouma bezeichnet in seiner Studie den GlobalGAP als ein „exklusives Netzwerk", dass gut organisierte Exporteure und Farmergruppen integriert [Ouma 2009: 18] Gleichzeitig belegt er aber auch informelle Möglichkeiten einer Belieferung. Opportunistisches Verhalten von Exporteuren und Bauern behindere demnach einen flächendeckenden Anpassungsprozess [Ouma 2009: 18]. In seinem Artikel von 2010 betont Ouma die lokalen Kontexte im Rahmen der „legislativen governance" stärker zu berücksichtigen und bestätigt somit Dannenbergs Sichtweise. „Taking the case of Kenya as an example, I tried to demonstrate that the successful global proliferation of GLOBALGAP cannot be understood without reconstructing the situated compromises along and beyond the supply chain when it comes to local implementation and compliance with the standard." [Ouma 2010: 219].

# 5 Fazit

Die Untersuchung der Ausgangsfragestellung - *Wie wirkt sich der private Umweltstandard GlobalGAP auf die strukturelle Koordination und Konfiguration von Wertschöpfungsketten im Agrarsektor aus?* - erbrachte sehr heterogene Befunde. Die Koordinationsstrukturen im Rahmen der „private agriculutral governance" mit dem GlobalGAP als Instrument sind eindeutig Käufergesteuert. Dabei lagern die führenden Unternehmen einen Großteil der „legislativen governance" an den GlobalGAP aus. Bei der Betrachtung der internen Strukturen des „Global Executive Boards" ist aber weiterhin eine klare Dominanz des Einzelhandels erkennbar. Im Rahmen der „Cross Regional Influence" zeichnet sich ein asymmetrisches Gefälle in Nord-Süd Richtung ab. Hierbei bemängeln Ouma und Dannenberg vor allem die fehlende Betrachtung europäischer Akteure für lokale Problemstellungen der produzierenden Bauern in den „Ländern des Südens". Mit dem „pre farmgate"-Mechanismus tragen sie die volle Verantwortung für die Umsetzung der Kriterien und sind gerade im Bereich der „cost of compliance" völlig überfordert. In diesem Zusammenhang nehmen die Exporteure im kenianischen Gartenbausektor eine Schlüsselrolle ein. Sie unterstützen die Bauern und leisten durch organisatorisches „know how", Fachwissen und Kapital entscheidende Hilfestellung bei der Implementierung des GlobalGAP. Damit übernehmen sie die Rolle des „turn key supplier" im Sinne einer modular koordinierten Wertschöpfungskette. Durch ihre Kompetenzen ermöglichen sie den vorgelagerten Akteuren Marktzugang und binden diese an sich. Damit bestätigt sich die These der Befürworter einer „global private regulation". Es finden eindeutig „Upgradingprozesse" entlang von agrarischen Wertschöpfungsketten statt. Inwieweit diese flächendeckend diffundieren bleibt aber abzuwarten. Die Ergebnisse der hier vorgestellten Studien [Dannenberg 2011, Ouma 2009/2010] zeigen dabei auch eindeutige Unterwanderungen der „legislativen governance" auf allen Ebenen im kenianischen Agrarsektor (Produzent, Broker, Exporteur). Diese informellen Arrangements entlang von Wertschöpfungsketten in Kenia sind auf die unsicheren Marktbedingungen (Schwankungen und Peaks in der Nachfragesituation am Absatzmarkt) in Europa und auf die hohen „cost of compliance" zurückzuführen. Mit diesen Befunden lässt sich auch das sehr starke Wachstum des kenianischen Obst- und Gemüseanbaus besser einordnen, das infolge des GlobalGAP seine Exportquoten problemlos steigerte. Kenia gilt mit der FPEAK als ein vorbildliches Beispiel für eine erfolgreiche Implementierung des GlobalGAP. Dies kann im Rahmen dieser Arbeit nicht bestätigt werden, da die Ziele des Standards nicht flächendeckend erfüllt wurden. Die These einer Marktexklusion gerade kleinerer Bauern durch zu hohe Hemmnisse bei der Einführung bleibt ungewiss. Fest steht, dass gerade kleine Betriebe in peripheren Regionen am wenigsten durch den Exporteur gefördert werden und zusätzlich in den Marktbeziehungen zu zwischengelagerten Brokern Nachteile haben. Dadurch gestalten sich die Implementierungskosten im Vergleich zu anderen Betrieben und Gruppenzertifizierungen besonders hoch. Sicherlich gibt es dadurch bedingt auch Marktexklusionen. In welchem Umfang, bleibt aber strittig. Hierbei gehen die Studien mit ihren Ergebnissen weit auseinander und lassen viele Fragen offen.

Meine Handlungsempfehlungen schließen sich an Dannenberg und Ouma an. Gerade die Einführungskosten für den GlobalGAP müssen gesenkt werden. Dies kann nur durch eine lokale Ausrichtung des GlobalGAP an die jeweiligen Agrarsektoren und räumlichen Strukturen der Länder geschehen. Gerade periphere Anbauregionen benötigen andere Möglichkeiten einer Zertifizierung. Hierbei sind gemeinschaftlich finanzierte Institutionen (Kredite, Schulungen, kollektive Infrastrukturen) denkbar, die lokale Bauern organisatorisch, infrastrukturell und fachlich unterstützen. Das Beispiel KenyaGAP ist in diesem Zusammenhang noch zu prüfen. Die Foodplus GmbH muss sich auch der Frage stellen, inwieweit eine Konzentration auf europäische Zertifizierer hilfreich ist. Bei über 80 Mitgliedsländern ist eine nationalstaatliche Auslagerung im Sinne der Bauern effektiver. Im Rahmen der Asymmetrien im „Global Executive Boards" sehe ich keine allzu negativen Auswirkungen, zumal die Möglichkeit einer Beteiligung besteht und geeignete Druckmittel (Medien, NGOs) gegeben sind. Zudem konnten erfolgreich lokale Benchmarks umgesetzt werden, die formal eine lokale Ausrichtung ermöglichen. Dominierende Akteure sind nicht immer nur negativ zu bewerten. Konkrete Problemstellungen lassen sich über wenige zentrale Entscheidungsträger z.B. schneller angehen. Die hohen „cost of compliance" sind den „lead firms" sicherlich bekannt. Es kam jedoch mit der Implementierung des GlobalGAP zu keinen Lieferengpässen, wodurch Probleme und eventuelle Anpassungen von sich aus nötig gewesen wären. Es bleibt abzuwarten, wie sich die wachsenden Märkte in Indien, China und Brasilien mit ihrer konstant steigende Nachfrage auf die geschaffenen Strukturen auswirken. Denkbar wäre, im Rahmen einer überregionalen Konkurrenz Europas zu Südamerika und Asien die Exporteure stärker ins „Global Executive Board" einzubinden um Sicherheiten zu schaffen. Dadurch wären auch stärke Einflussnahmen von Seiten der „Länder des Südens" möglich.

# Literaturverzeichnis:


- Braun, B., 2010. Welthandel und Umwelt: Konzepte, Befunde und Probleme. Geographische Rundschau 4, 4 – 11.

- Braun, B., 2004. Umweltmanagement in der Wirtschaft – Rahmenbedingungen, Diffusionsprozesse und Erfolgsfaktoren. PGM, 148 (4), 55 -66.

- Brown, O., 2005. Supermarket Buying Power, Global Commodity Chains and Smallholder Farmers in the Developing World. In: Human Development Report 2005, Human Development Report Office, (Ed), UNDP, New York. http://www.iisd.org/tkn/pdf/tkn_supermarket.pdf Zugriff:15.01.2012

- Coe, N., M. Hess, H. W. Yeung, P. Dicken & J. Henderson, 2004. Globalizing regional development: a global production networks perspective. Transaction of the Institute of British Geogrpahers 29 (4), 468-84.

- Dannenberg, P., 2011. Wirkung und Umsetzung von Standards in internationalen Wertschöpfungsketten. Habilitationsschrift (unveröffentlicht), Geographisches Institut, Humboldt-Universität zu Berlin, Deutschland.

- Dicken, P., 2011. Global shift. Mapping the changing contours of the world economy (6th edition). London: Sage

- Dietsche, C., 2011. Umweltgovernance in globalen Wertschöpfungsketten. Umweltschutz und Qualitätssicherung im Handel mit tropischen Garnelen und Ledererzeugnissen. LIT – Verlag, Münster.

- Dolan, C., Humphrey, J. 2004. Changing governance patterns in the trade in fresh vegetables between Africa and the United Kingdom. Environment and Planning A, 36 (3), 491-509. http://www.uni-leipzig.de/~afrika/documents/Carlos/dolanhumph.pdf Zugriff: 14.01.2012

- Dolan, C., Humphrey, J., 2000. Governance and trade in fresh vegetables: the impact of UK supermarkets on the African horticulture industry. Journal of Development Studies, 37 (2), 147-176. http://www.colorado.edu/geography/class_homepages/geog_3662_s06/uk.pdf Zugriff:14.01.2012

- EHI, 2012. EHI Tetail Institute - Daten und Informationen - http://www.ehi.org/ueber-uns.html Zugriff: 15.01.2012

- FPEAK 2012. Daten zum kenianischen Gartenbausektor und zur Entwicklung http://www.fpeak.org/ Zugriff: 12.01.2012

- Friedmann, H., 1993. The Political Economy of Food. A global crisis. In: New Left Review (197) (Ed), 29-57. http://www.neaculture.it/The%20Political%20Economy%20of%20Food.pdf Zugriff: 04.01.2012

- Fuchs, D., Kalfagianni, A., 2011. Global Gap. In: Reed, D., Utting, P., Mukherjee-Reed, A., (Eds.), Business Regulation, Non-State Actors and Development. Routledge, New York.

- Gereffi, G., Humphrey, J., Sturgeon, T., 2005. The governance of global value chains. Review of International Political Economy 12 (1), 78 – 104. http://www.globalproduction.com/scoreboard/resources/sturgeon_2005_governance-of-value-chains.pdf Zugriff: 17.01.2012

- Gereffi, G., 1994. The Organization of Buyer-Driven Global Commodity Chains. How U.S. Retailers Shape Overseas Production Networks. In: Gereffi, G.; Korzeniewicz, M. (Eds.), Commodity Chains and Global Capitalism. Westport, CT, Praeger Publishers, S. 95-122

- GlobalGAP, 2012. GlobalGAP - spezifische Abbildungen, Informationen und Daten - http://www.globalgap.org Zugriff: 18.01.2012.

- Graffham, A., Karehu, E., MacGregor, J., 2007. Impact of EurepGAP on small-scale vegetable growers in Kenya. (Ed.) London International Institute for Environment and Development http://www.agrifoodstandards.net/en/resources/global/standard_bearers_horticultural_exports_and_private_standards_in_africa Zugriff: 13.01.2012

- Henderson, J., Dicken, P., Hess, M., Coe, N., Yeung, H., W., 2002. Global production networks and the analysis of economic development. Review of International Political Economy, 9 (3), 436-464.

- Humphrey, J., 2008. Private Standards, Small Farmers and Donor Policy. EurepGAP in Kenya. In: IDS Working Paper 308, Brighton http://egateg.usaidallnet.gov/sites/default/files/Private%20Standards%20Small%20Farmers%20and%20Donor%20Policy_0.pdf Zugriff: 16.01.2012

- Humphrey, J., 2004. Upgrading in global Value Chains. Policy Integration Department. World Commission on the Social Dimension of Globalization, International Labour Office, Working paper No. 28, Geneva. http://www.ilo.int/wcmsp5/groups/public/---dgreports/---integration/documents/publication/wcms_079105.pdf Zugriff: 14.01.2012

- Hughes, D., 2009. European Food Marketing. Understanding Consumer Wants – The Starting Point in Adding Value to Basic Food Products. Euro Choices, Agri food and rural resource issues, 8 (3), 6-13. http://onlinelibrary.wiley.com/doi/10.1111/j.1746-

692X.2009.00139.x/pdf Zugriff: 15.01.2012

- Jaffee, S., 2005. Food Safety and Agricultural Health Standards. Challenge and Opportunities for Developing Country Exports. In Report 31207 (Ed) Washington. http://siteresources.worldbank.org/INTRANETTRADE/Resources/Topics/Standards/standards_challenges_synthesisreport.pdf Zugriff. 14.01.2012

- Kaplinsky, R., Morris, M., 2000. A Handbook for Value Chain Research. Brighton IDS. http://www.globalvaluechains.org/docs/VchNov01.pdf Zugriff: 04.01.2012

- Mettke, T., 2005. Geschichte und Bedeutung des Lebensmittelrechts. Behrs Verlag, Hamburg, 1 – 48. http://www.lebensmittelrecht.com/lebensmittelrecht_pro/demo/LFGB/Kommentar_LFGB_03.pdf Zugriff: 05.01.2012

- Nadvi, K., 2008. Global Standards, global governance and the organisation of global value chains. Journal of Economic Geography, 8 (3), 323- 343.

- Ouma, S., 2010. Global Standards, Local Realities: Private Agrifood Goverance and the Restructuring of the Kenyan Horticulture Industry. Economic Geography 86 (2), 197 – 222.

- Ouma, S., 2009. Globalizing good agricultural practices. Zur Transformation von Wertschöpfungsketten in der kenianischen Exportlandwirtschaft durch Private Agricultural Governance. In: Dittmann, A. Jürgens, U. (Eds) Lokal-Global-Glokal. Dynamische Raummuster im subsaharischen Afrika. Reihe Entwicklungsforschung, Giessen 2010.

- Reardon, T., Cordon, J., M., Busch, L.,  Bingen, J., Harris, C., 2001. Global Change in agrifood grades and standards. Agribusiness strategic responses in developing countries. International Food and Agribusiness Management Review 2 (3), 195-205.

- Schamp, E.,W., 2008. Globale Wertschöpfungsketten. Umbau von Nord – Südbeziehungen in der Weltwirtschaft. Geographische Rundschau 9, 4 – 9.

- UNCTAD, 2007. Are Private Sector Standards a Barrier to Trade? http://www.unctad.org/templates/Page.asp?intItemID=4285&lang=1 Zugriff: 04.01.2012